# Der Geist des Hellenentums in der modernen Physik.

Antrittsvorlesung,
gehalten am 17. Januar 1914 in
der Aula der Universität Leipzig

von

ARTHUR ERICH HAAS,
Dr. phil., a. o. Prof. für Geschichte der Physik.

Leipzig
Verlag von Veit & Comp.
1914

Druck von Metzger & Wittig in Leipzig.

Dem Andenken meines Vaters

DR. GUSTAV HAAS.

Eure Magnifizenz!
Hochgeehrte Anwesende!

Wenn ich in meinem heutigen Vortrage es darzulegen versuchen will, worin sich in unserem modernen System der Physik der Einfluß der hellenischen Wissenschaft offenbart, so will ich hierbei nicht von den Forschern sprechen, die gewöhnlich als die großen Physiker der Griechen gelten. Wohl gebührt unsere aufrichtigste Bewunderung den genialen, bahnbrechenden Leistungen eines Archimedes oder Heron; aber ein ungleich größeres Verdienst als durch alle ihre Forschungen über spezielle physikalische Probleme haben sich die Griechen doch dadurch erworben, daß sie die grundlegenden Begriffe und Ideen ins Leben riefen, die die ganze Entwicklung der Physik beherrschten; denn damit haben sie das Fundament geschaffen, auf dem erst ein wissenschaftliches System der Physik entstehen konnte. — Aus dem Geiste des Hellenentums wurde die Physik geboren, und darum spiegelt sie diesen Geist auch in unseren Tagen noch klar und deutlich wieder.

Die Entwicklung der grundlegenden physikalischen Begriffe beginnt zugleich mit dem Werdegang der griechischen Philosophie. Der Denker, der als der Vater der griechischen Philosophie gefeiert wird, Thales von Milet, verdient es, auch der Schöpfer der wissenschaftlichen Physik genannt zu werden; nicht etwa (wie viele zu glauben scheinen) deshalb, weil er — was schon zwei Jahrtausende vor ihm die Chinesen getroffen — eine Sonnenfinsternis richtig voraussagte oder weil er die wahrscheinlich schon lange vor ihm entdeckte Anziehung des geriebenen Bernsteins ebenfalls kannte. Nicht um seiner Einzelkenntnisse willen gebührt Thales der Ehrenname eines Begründers der Physik, sondern deshalb, weil er durch das von ihm geschaffene Anfangsproblem der Philosophie zugleich den Grundstein zu dem heutigen System der Physik legte.

Denn in dem Problem, mit dessen Aufstellung Thales die Geschichte der abendländischen Philosophie einleitete, kommen bereits mit voller Klarheit die beiden Ideen zum Ausdrucke, die eigentlich die ganze Entwicklung der Physik beherrscht haben. Indem Thales von der Überzeugung ausging, daß es trotz aller unaufhörlich zu beobachtenden Veränderung und trotz aller wahrzunehmenden Mannigfaltigkeit dennoch als einheitliches Substrat alles Geschehens einen Urstoff geben müsse, aus dem alle Einzeldinge hervorgegangen sind, und indem er die Aufgabe der Naturwissenschaft in der Aufsuchung dieses einheitlichen Urstoffes erblickte — da offenbarte er selbst (ohne daß er sich vielleicht dessen so recht bewußt geworden wäre) als eigentliches Motiv seiner Naturphilosophie zwei geistige Triebe, die dem hellenischen Geiste besonders tief eingewurzelt waren, die aber als ein Erbe der Antike eigentlich zu allen Zeiten die mächtigsten Anregungen zu der weiteren Entwicklung der Naturwissenschaft gaben.

Der eine Trieb geht dahin, in der rastlosen Flucht der Erscheinungen, die sich unserer Wahrnehmung darbietet, etwas Bleibendes aufzufinden, wie einen Ruhepunkt für den unsicher umherirrenden und durch die Raschheit der wahrgenommenen Veränderungen geblendeten Blick. Auch der andere Trieb erscheint wie eine Reaktion gegen die verwirrende Mannigfaltigkeit der von der Außenwelt empfangenen Sinneseindrücke; er sucht sie zu ordnen, in einen so engen Zusammenhang zu bringen wie nur möglich und glaubt dies am ehesten zu erreichen, wenn er dieselbe geschlossene Einheitlichkeit, die das eigene Ich darbietet, auch in die Außenwelt überträgt; und eine mächtige Förderung mußte dieser Trieb wieder einerseits durch das lebhafte Naturgefühl der Hellenen erfahren, die sich zu innig mit der Natur verbunden fühlten, um zwischen Innen- und Außenwelt scharf unterscheiden zu können, andererseits aber wieder durch ihren hochentwickelten ästhetischen Sinn, dem vollendete Schönheit gleichbedeutend erschien mit Einfachheit und harmonischer Geschlossenheit.

Es ist wohl keine Übertreibung, wenn man behauptet, daß die beiden Ideen, die in der Urstoffhypothese des Thales vereinigt erscheinen, die Konstanz- und die Einheitsidee, zu allen Zeiten das Denken der physikalischen Forscher leiteten, daß sie die Ziele bestimmten, denen fast instinktiv die Physiker stets zustrebten und daß sie dadurch die Richtungen festlegten, in denen sich im Laufe der Jahrhunderte der Aufbau der Physik vollzog.

Die theoretische Physik verrät ja während ihrer ganzen Geschichte auf das deutlichste das Bestreben, in ihre Gesetze eine größere Klarheit und Übersichtlichkeit durch die Auffindung solcher Größen zu bringen, die sich bei den mannigfachsten Änderungen anderer Werte selbst als konstant erweisen. Die mechanischen Prinzipien von der Erhaltung der Bewegungsquantität und der lebendigen Kraft, von der Erhaltung des Schwerpunktes und der Flächenmomente — sie alle entspringen diesem Bestreben, dessen Krönung die Auffindung des Lavoisierschen Prinzipes von der Erhaltung der Masse und die Aufstellung des Gesetzes von der Erhaltung der Energie bedeuten.

In noch höherem Grade als die Konstanzidee hat vielleicht die Einheitsidee die Entwicklung der Physik beeinflußt und gefördert. Denn die wichtigsten Marksteine in der Geschichte der Physik stellen doch die durch den Einheitsgedanken herbeigeführten großartigen Entdeckungen dar, die die engen Zusammenhänge zwischen den verschiedenartigen Naturkräften enthüllten und die dadurch nach und nach die Schranken niederrissen, die so lange Zeit die einzelnen Zweige der Physik voneinander getrennt hatten.

Der Einheitstrieb war es, der zu der Entdeckung des Elektromagnetismus führte, einer Entdeckung, die eine der herrlichsten Blütezeiten der Physik hervorrief; der Einheitstrieb war es, der die Forscher die so wichtige Identität des Lichtes und der strahlenden Wärme erkennen ließ; er war es, dem schließlich der großartigste Erfolg in dem Nachweis der elektrischen Natur des Lichtes beschieden sein sollte.

Die Urstoffidee selbst hat ja aber gerade in den letzten Jahrzehnten so recht deutlich ihre außerordentliche Macht und Fruchtbarkeit erwiesen. Welch glänzende Rechtfertigung des uralten Thalesschen Gedankens bedeutete doch die Auffindung des periodischen Systems der Elemente, welch herrlichen Triumph aber gar die experimentelle Feststellung, daß die Atome der verschiedenartigsten Stoffe dennoch aus ganz den gleichen Bausteinen zusammengesetzt sind.

. . . Die Vertiefung in das Problem des Urstoffes mußte bald zu der Entstehung eines neuen Problems in der griechischen Philosophie führen. Das fortgesetzte Sinnen über diese Frage mußte mit der Zeit Zweifel daran erwecken, ob denn das Problem des Urstoffes in seiner bisherigen Form überhaupt eine Berechtigung habe; und es entspricht ganz dem impulsiven Charakter des hellenischen Geistes, daß sich der Zweifel sogleich in schroffe Verneinung verwandelte, daß das erste Nachdenken über die Berechtigung des Urstoffproblems schon zu zwei Systemen führte, die beide aus diametral entgegengesetzten Gründen die Annahme eines wandelbaren Urstoffes für unmöglich erklärten und damit eigentlich alle frühere Philosophie als sinnlos verwarfen.

Das eine System, das seine Ausbildung der Schule der Eleaten verdankte, erblickte bekanntlich einen unlösbaren Widerspruch in der Verknüpfung der Begriffe des Urstoffs und der Veränderung und lehrte, indem es jede Veränderung für undenkbar erklärte, die alleinige Existenz eines starr bleibenden und keiner Veränderung, insbesondere auch keiner Teilung und Bewegung fähigen Seins. Das andere System hielt die Annahme eines Urstoffes für unvereinbar mit unserer Erfahrung, die uns ja ein unaufhörliches Entstehen und Vergehen in der Natur erkennen lasse; dieses System ist durch den berühmt gewordenen Ausspruch seines Schöpfers Heraklit charakterisiert, daß alles fließe und nichts bleibe.

Heraklit kennt keinen Urstoff im alten Sinne. Wenn er, der „dunkle" Philosoph, als solchen bisweilen das Feuer bezeichnet, so denkt er dabei offenbar nicht an einen bestimmten Grundstoff, sondern an die Flamme, an den Brand als das typische Beispiel eines Vernichtungsprozesses. Denn er weist ja mit dem größten Nachdrucke darauf hin, daß das, was wir Sein nennen, in Wirklichkeit nur das Andauern eines Vorganges sei, der seinerseits natürlich in Veränderung bestehen muß. Heraklit hat damit eine für die Physik bedeutungsvolle Anschauung begründet, die (wenn ich so sagen darf) das Sein lediglich als Knotenpunkt des Geschehens auffaßt und die vielleicht ihren kühnsten Ausdruck in der bekannten Hypothese

William Thomsons fand, der an die Stelle ewiger Atome unzerstörbare Wirbelbewegungen setzte.

. . . Es ist natürlich, daß die Entwicklung der Philosophie nicht bei zwei Systemen stehen bleiben konnte, die durch eine so ungeheure Kluft voneinander geschieden sind, wie die Lehren der Eleaten und Heraklits. Die hellenische Philosophie, deren ganzes Streben von Anfang an ja dahin gerichtet war, eine einheitlich in sich geschlossene Weltanschauung zu schaffen, konnte unmöglich innerhalb ihrer selbst einen so tief gehenden Zwiespalt bestehen lassen; sie mußte alles aufbieten, um ihn zu überbrücken. Sie mußte ihr neues Ziel und ihre wichtigste Aufgabe nunmehr darin erblicken, die Vorstellung eines einheitlichen unvergänglichen Weltsubstrates einerseits mit den unaufhörlichen Veränderungen in Einklang zu bringen, die sich unserer Wahrnehmung doch stets darbieten, andererseits aber auch mit den Forderungen einer vervollkommneten Logik, der der Begriff eines wandelbaren Urstoffes mit Recht in sich widerspruchsvoll erscheint.

Den ersten derartigen Versuch einer Vermittlung können wir vielleicht in der Philosophie der pythagoreischen Schule erblicken, die, trotzdem ihr sagenhafter Stifter älter gewesen sein dürfte als die Eleaten und Heraklit, doch zwischen deren

Lehren insofern eine Mittelstellung einnahm, als sie zwar an der Vorstellung einer bleibenden Ursubstanz festhielt, als solche aber die Zahl erklärte.

In unserem modernen System der Physik offenbart sich der Einfluß der pythagoreischen Philosophie in doppelter Hinsicht. Vor allem gebührt den Pythagoreern das nicht hoch genug anzurechnende Verdienst, daß sie zuerst die fundamentale Bedeutung erfaßten, die in jedem wissenschaftlichen System der Natur dem Begriffe des Quantitativen zukommen muß; ihr zweites großes Verdienst besteht darin, daß sie in den Mittelpunkt ihrer ganzen Naturbetrachtung die Vorstellung von der strengen Gesetzmäßigkeit, von der inneren Harmonie und Ordnung des Kosmos rückten.

So haben die Pythagoreer zuerst die Hauptaufgabe der Physik darin erkannt, die mathematischen Beziehungen aufzusuchen, in denen die Gesetzmäßigkeit des physischen Geschehens allein einen ihrer tatsächlichen Exaktheit und Präzision würdigen Ausdruck finden kann; und durch ihre eigenen, in diesem Sinne betriebenen akustischen Forschungen haben die Pythagoreer zugleich den Bund der beiden Schwesterwissenschaften, der Mathematik und der Physik, ins Leben gerufen; einen Bund, der für beide Wissenschaften so reiche Früchte tragen sollte und ohne dessen Hilfe die

Physik nie, auch auf experimentellem Gebiete nicht, bis zu den Erfolgen hätte fortschreiten können, die ihr bis in unsere Tage beschieden waren.

Indem so die Pythagoreer die Auffassung begründeten und auch betätigten, daß nur auf quantitativer Grundlage eine wahrhaft wissenschaftliche Behandlung der physischen Phänomene möglich sei, zeichneten sie zugleich klar und deutlich der Naturphilosophie die Aufgabe vor, die sie in ihrer weiteren Entwicklung vor allem zu lösen hatte; und diese Aufgabe mußte in der fortgesetzten Zurückdrängung des Qualitätsbegriffes und in der schließlichen Konstruktion einer Weltanschauung bestehen, in der womöglich alle qualitativen Beziehungen, die sich unserer unmittelbaren Wahrnehmung darbieten, durch quantitative Relationen ersetzt sind.

Um dies Ziel zu erreichen, war vor allem aber die Beseitigung des Begriffes notwendig, dessen Schwierigkeit die erste große Krise in der Entwicklung der Philosophie herbeigeführt hatte, des Begriffes der qualitativen Veränderung. Seine Verdrängung aus dem wissenschaftlichen Weltbilde war darum auch das Ziel, das sich vor allem die beiden genialen Systeme des Empedokles und des Anaxagoras setzten.

Wir können nicht genug den kühnen Gedanken

bewundern, durch den Empedokles zuerst die Lösung dieser Aufgabe gelang. Empedokles vervielfältigt den Urstoff, mit dem die alten milesischen Philosophen operiert hatten (obwohl sich ihn jeder anders vorgestellt hatte) und gewinnt dadurch die Möglichkeit, die eleatische und die herakliteische Weltanschauung miteinander in Einklang zu bringen.

Denn dadurch, daß er statt einer einzigen Ursubstanz deren mehrere annimmt, kann er sich seine vier Grundstoffe so starr unwandelbar denken, wie es nach den Eleaten das Seiende überhaupt sein muß; andererseits kann Empedokles aber doch wieder durch die Annahme einer (mit der Unwandelbarkeit keineswegs in Widerspruch stehenden) beständigen Mischung und Entmischung dieser Grundstoffe alle die scheinbaren qualitativen Veränderungen und Verschiedenheiten und damit auch den rastlosen Wechsel erklären, den allein in der Welt Heraklit gesehen hatte. In dem von Empedokles geschaffenen Naturbilde erscheinen also alle qualitativen Wandlungen auf rein quantitative und somit im letzten Grunde auf Additionen und Subtraktionen zurückgeführt; so wird durch die empedokleische Grundstoffhypothese zuerst die Veränderung von Eigenschaften mathematisch beschreibbar.

Das Prinzip der Vervielfältigung des Urstoffes besitzt aber auch für die Ökonomie der Wissenschaft einen außerordentlichen Wert, der besonders deutlich in der heutigen Gestalt der Chemie zum Ausdrucke gelangt. Denn wie wäre ein wissenschaftliches System der Chemie möglich, wie hätten der Chemie auch je ihre großartigen praktischen Erfolge beschieden sein können, müßte sie mit einer Million qualitativ verschiedener Substanzen operieren und gäbe ihr nicht eben eine Theorie, die auf des Empedokles Prinzip beruht, die Möglichkeit, die vielleicht millionenfache qualitative Verschiedenheit, die zwischen den zahllosen, den Chemikern bekannten Stoffen besteht, auf eine nur etwa siebzigfache, ja auf dem Gebiete der organischen Substanzen gar auf eine vielleicht nur vierfache zu reduzieren.

Neben dem Begriffe des Elementes, durch dessen Aufstellung Empedokles eigentlich erst die Vorbedingung für ein wissenschaftliches System der Chemie schuf, hat aber Empedokles noch einen zweiten, nicht minder wichtigen und nicht minder grundlegenden Begriff in die Naturlehre eingeführt, nämlich den Begriff der physikalischen Kraft. Empedokles war der erste, der die Notwendigkeit empfand, von dem Stoffe die ihn bewegende Kraft zu unterscheiden. Denn Empedokles mußte ja bei seinen Elementen dieselbe starre Unwandelbarkeit voraussetzen, die den Eleaten als die wesentlichste Eigenschaft des Seins überhaupt erschienen war. Die hylozoistische Auffassung der ältesten Denker, die ihren Urstoff sich aus sich selbst bewegen ließen, konnte darum Empedokles unmöglich auf seine Elemente übertragen. Seine Grundstoffe müssen sich demnach absolut passiv verhalten, und, um ihre ewige Mischung und Entmischung zu erklären, blieb also Empedokles nichts anderes übrig, als eine oder mehrere außerhalb der Materie stehende Kräfte anzunehmen, die die eigentliche Ursache alles physischen Geschehens darstellen. So hielt zugleich mit dem Begriffe des chemischen Elementes auch der Begriff der Kraft seinen Einzug in die Naturlehre.

Eine neue, für die weitere Entwicklung der Physik ungemein bedeutungsvolle Idee begegnet uns zuerst in dem System des Anaxagoras, das bekanntlich ebenso wie das des Empedokles seine Hauptaufgabe darin erblickte, an die Stelle der herkömmlichen Begriffe des Entstehens, des Vergehens und überhaupt der qualitativen Veränderung die Begriffe der Verbindung und der Trennung zu setzen. Anaxagoras ist der erste, der von einem Äther spricht; er stellt ihn als Prinzip des Hellen, Warmen, Dünnen und Leichten der gewöhnlichen Materie gegenüber, die durch Verdichtung aus der Luft hervorging, die ihrerseits wieder als Prinzip des Dunklen, Kalten, Dichten und Schweren erscheint. So tritt uns bei Anaxagoras zuerst im Keime der Dualismus zwischen dem unwägbar dünnen Äther und der dichten ponderablen Materie entgegen, jener Gegensatz, der der Physik des neunzehnten Jahrhunderts das charakteristische Gepräge verlieh.

Empedokles und Anaxagoras ist es zwar gelungen, den Qualitätsbegriff, in dem sie mit Recht ein Hemmnis aller exakten Forschung erkannten, in der Naturlehre stark zurückzudrängen, aber ihn völlig zu beseitigen haben sie doch nicht vermocht. Es gelang ihnen wohl, den Begriff der qualitativen Veränderung aus dem wissenschaftlichen Weltbilde zu eliminieren, den der qualitativen Verschiedenheit mußten sie, da sie ja ihrer Philosophie eine Mehrzahl von Urstoffen zugrundelegten, notwendigerweise weiter bestehen lassen; die Einheitlichkeit des Weltbildes, die die Lehren des Thales und der anderen milesischen Denker charakterisiert hatte, schien damit fast schon für immer preisgegeben.

Aber der von einem so starken Einheitsbedürfnis getriebene hellenische Geist rastete doch nicht eher, als bis er durch alle die Schwierigkeiten hindurch sich zu jener erhaben einfachen und so streng einheitlichen Weltanschauung durchgerungen hatte, die nicht nur die Krönung der antiken Naturphilosophie, sondern auch das eigentliche Fundament unserer modernen Naturlehre darstellt. Der Atomistik, die ihre Begründung durch Leukipp und ihre Ausgestaltung durch Demokrit erfuhr, war es beschieden, durch die völlige Beseitigung des Qualitätsbegriffes aus der Physik wieder die Rückkehr zu der Einheitlichkeit der ältesten Weltanschauungen zu finden, ohne indessen etwas von den großartigen Fortschritten preisgeben zu müssen, die seit jenen ersten Anfängen der Philosophie gelungen waren.

Um dies Ziel zu erreichen, führte Demokrit in die Naturphilosophie ein Prinzip ein, das eine außerordentliche Bedeutung für die Entwicklung der neueren Physik erlangen sollte und das man am ehesten vielleicht als Prinzip der Vervielfältigung des Naturbildes bezeichnen könnte. Dieses Prinzip knüpft an die Anschauungen einiger älterer Denker an, die auf das Trügerische aller sinnlichen Wahrnehmung hingewiesen hatten, insbesondere auch an die Auffassung des Sophisten Protagoras, der mit dem größten Nachdruck die Relativität aller menschlichen Erkenntnis gelehrt hatte; es zeigt eine gewisse Ähnlichkeit aber auch mit dem Prinzip, auf das Demokrits großer Zeitgenosse Platon seine Philosophie aufbaute. Platon wußte, um den Widerspruch zwischen der eleatischen und der herakliteischen Weltanschauung zu lösen, keinen anderen Ausweg als die Annahme einer zweiten Welt, einer Welt der Ideen, neben der sinnlich wahrnehmbaren.

Demokrit verfährt einfacher; er operiert nur mit einer Welt, aber mit zwei Weltbildern. Dem verworren bunten, durch Vielheit, Mannigfaltigkeit und Unbeständigkeit entstellten Bilde, das der Mensch durch seine Sinnesorgane von der Welt empfängt und das schon deshalb unvollständig bleiben muß, weil der Mensch für ihn zu Kleines nicht wahrzunehmen vermag — diesem subjektiven, komplizierten Weltbilde also stellt Demokrit ein zweites absolutes, harmonisch einfaches gegenüber, dessen Untersuchung er der Physik als eigentliche Aufgabe zuweist; es ist das Bild, das dieselbe Welt demjenigen bietet, der sie statt durch die Sinnesorgane in hinreichender Vergrößerung mittels der vernunftmäßigen Erkenntnis betrachtet.

Dieses zweite Weltbild, das den Sinnen schon deshalb ewig verborgen bleiben muß, weil sich in ihm alles in einem für die sinnliche Wahrnehmung viel zu kleinen Maßstab abspielt — dieses zweite Weltbild entspricht nun ganz dem Ideal einer theoretischen Physik. In ihm gibt es keine qualitativen Unterschiede; in ihm erscheinen nur Körper von ganz gleicher Beschaffenheit, aus einem und demselben Stoffe gefertigt, verschieden nur in quantitativer Hinsicht, in Größe und Gestalt, alle aber in ursprünglicher, anfangsloser und unzerstörbarer Bewegung begriffen; in dem absoluten Weltbilde gibt es nur eine einzige Art eines physikalischen Phänomens, den Stoß, durch den nach einem bestimmten, stets gleich bleibenden Gesetze die Geschwindigkeit und die Richtung der zusammenstoßenden Körperchen geändert werden.

In dem absoluten Weltbilde — und darin liegt die ungeheure ökonomische Bedeutung der atomistischen Idee — kommt also die Naturbetrachtung mit einem einzigen Zweige der Physik aus, mit der Mechanik oder, um es noch genauer zu sagen, mit der Kinematik; denn alle Begriffe, auf die die anderen Zweige der Physik aufgebaut sind, die Begriffe der Farbe, des Tones, der Wärme haben in dem absoluten objektiven Weltbilde gar keinen Sinn, sie haben einen solchen nur in dem relativen subjektiven Weltbilde, in dem an alle Dinge der „Maßstab des rein Menschlichen" gelegt ist.

So führt die Atomistik den von Empedokles begonnenen Feldzug gegen den Qualitätsbegriff siegreich zu Ende; es gelingt ihr, nicht nur den Begriff der qualitativen Veränderung, sondern auch den der qualitativen Verschiedenheit aus dem Bereiche der objektiven Erscheinungen zu entfernen und ihn völlig auf das Gebiet zurückzudrängen, auf dem allein sie ihm eine Daseinsberechtigung zugesteht, auf das Gebiet der subjektiven Phänomene, deren Untersuchung natürlich nicht mehr Aufgabe der eigentlichen Physik sein kann.

Die Methode, durch die den antiken Atomikern die Eliminierung des Qualitätsbegriffes aus der Naturlehre gelang, stellt im Wesen auch das Programm der neueren Physik dar, deren ganze Entwicklung seit Descartes eigentlich in einer fortgesetzten Objektivierung, Mechanisierung und (wenn ich so sagen darf) Elementarisierung des physikalischen Naturbildes bestand.

Unsere ganze theoretische Physik ist ja nur dadurch möglich, daß sie, dem Vorbilde Demokrits folgend, statt mit den Begriffen des Tones, der Farbe und der Wärme mit streng mathematisch definierbaren Begriffen operiert, mit Schwingungszahlen, mit Wellenlängen, mit der mittleren Energie von Gasmolekeln. Die Schranken, die der direkten Naturbeobachtung durch die Eigenart unserer Sinnesorgane gesetzt sind, verschwinden dadurch für die theoretische Physik, und so kann sie Naturvorgänge, obwohl sie durchaus heterogene Empfindungen hervorrufen wie das Licht, die elektrischen Wellen und die strahlende Wärme, dennoch identifizieren und ihre Untersuchung in eine einzige Theorie zusammenfassen.

Die ungeheure Bedeutung aber darlegen wollen, die für die Physik die von Demokrit begründeten und in der Neuzeit besonders durch Descartes fortgesetzten Mechanisierungsbestrebungen erlangten, — das hieße ja die ganze Geschichte der theoretischen Physik wiedergeben. Es genüge, auf den charakteristischen Ausspruch von Huygens hinzuweisen, der einmal erklärte, daß man in der wahren Wissenschaft die Ursache aller Wirkungen nur durch die Betrachtungsweisen der Mechanik erfassen könne und daß man dies unbedingt tun müsse, woferne man nicht von Anfang an jede Hoffnung aufgeben wolle, überhaupt je etwas in der Physik zu verstehen.

Von welch außerordentlicher Fruchtbarkeit sich schließlich in der Naturlehre das Prinzip erweist, die Objekte der physikalischen Betrachtung in einfachere, diskrete und selbst unveränderliche Elemente aufzulösen — so wie es zuerst die Atomiker mit der Materie taten — das hat ja die Entwicklung der verschiedenen Zweige der Physik bis in unsere Tage deutlich gezeigt. Die Hypothese der Elementarmagnete, in gewissem Sinne auch die der Elementarströme, die Hypothese des elektrischen Elementarquantums und auch die des elementaren Wirkungsquantums — sie alle beruhen ja auf dem von den antiken Atomikern erfundenen Prinzipe, das in der Geschichte der Physik einen ähnlichen revolutionären Fortschritt bedeutet, wie in der Entwicklung der Buchdruckerkunst der Ersatz der Drucktafeln durch lose, bewegliche Einzellettern.

. . . Demokrit ist es zwar gelungen, den Qualitätsbegriff aus der Physik zu verdrängen, aber immerhin ließ er zwischen seinen Atomen noch eine unendliche, wenn auch freilich nur mehr quantitative Verschiedenheit bestehen. Die Grundlage einer wissenschaftlichen Chemie konnte darum die Atomistik erst werden, als im Beginne des neunzehnten Jahrhunderts Dalton auf den genialen und (man kann wohl sagen) echt griechischen Gedanken kam, die atomistische Hypothese Demokrits mit der Grundstoffhypothese des Empedokles zu vereinigen. Während Demokrit noch unendlich viele Atomsorten angenommen hatte, reduziert also die neuere chemische Atomistik deren Zahl auf nur etwa siebzig; sie kennt ihrer nur so viele, als sie Grundstoffe annimmt. Diese Vereinfachung gelingt ihr allerdings nur dadurch, daß sie die von Demokrit begonnene Vervielfältigung des Naturbildes noch weiter fortsetzt, indem sie die Zahl der Naturbilder von zwei auf drei erhöht. Durch die Unterscheidung von Molekeln und Atomen fügt die neuere chemische Atomistik zu dem subjektiven Weltbilde noch zwei weitere Weltbilder hinzu, ein zweites dem theoretischen Physiker dienendes, in dem zwar die Physik im Wesen auf statistische Mechanik zurückgeführt erscheint, in dem aber noch immerhin eine unendliche (den Physiker freilich wenig störende) Mannigfaltigkeit bestehen bleibt, und ein drittes für den Chemiker bestimmtes Weltbild, in dem der Beobachter nichts weiter erblickt als in verschiedenartigen Kombinationen aneinander gelagerte Atome von etwa siebzig verschiedenen Sorten.

Die größte Leistung, die unser Zeitalter auf physikalischem Gebiete vollbrachte, besteht eben in der Konstruktion eines vierten Naturbildes, das die letzten Elemente des dritten Bildes, die Atome, selbst wieder wandelbar erscheinen läßt, das deren Wandelbarkeit und damit auch deren Verschiedenheit aber wiederum auf die Verbindung und Trennung noch kleinerer Elemente zurückführt, die untereinander durchaus gleich beschaffen und in keiner Hinsicht voneinander verschieden sind. Das moderne vierte Naturbild, das sich durch die Elektronentheorie zu den drei älteren hinzugesellte, übertrifft also an Einfachheit noch insofern das objektive Naturbild Demokrits, als zwischen seinen letzten Elementen überhaupt keine Verschiedenheit, nicht einmal eine solche in Größe und Gestalt besteht. Das moderne Naturbild kennt als einzigen Unterschied nur mehr den in der Zukunft vielleicht auch noch überbrückbaren Gegensatz zwischen positiver und negativer Elektrizität. Die Verschiedenheit der Atome erscheint in diesem Bilde auf die verschiedenartigen Gruppierungen zurückgeführt, die zwischen den Elektronen möglich sind; und in gewissem Sinne feiert so in der modernen Atomtheorie auch wieder die alte pythagoreisch-platonische Lehre ihre Auferstehung, die den ursprünglichen Unterschied der Grundstoffe des Universums auf die Verschiedenheit der regulären Gebilde der Stereometrie zurückführte.

Die von Demokrit in die Physik eingeführte und später also noch wesentlich erweiterte Methode der doppelten Naturbetrachtung bedeutet aber noch aus einem anderen Grunde einen außerordentlichen Gewinn für die theoretische Physik. Denn diese Methode ermöglicht eigentlich erst die Ausbildung physikalischer Hypothesen, ohne deren Hilfe die großartigen Erfolge der theoretischen Physik überhaupt nie möglich gewesen wären.

Indem der theoretische Physiker die Natur vom atomistischen Standpunkte aus betrachtet, zieht er sich auf ein Gebiet zurück, auf das ihm die Erfahrung nicht nachfolgen kann. Er befreit sich dadurch von der lästigen Fessel, die für ihn eine ständige, Schritt für Schritt seine Arbeit überwachende Kontrolle durch die Erfahrung bedeuten müßte. Er gewinnt dadurch, daß er der Erfahrung erst das fertige Ergebnis seiner Arbeit zur Bestätigung vorlegen muß, volle Freiheit in der Ausbildung von Hypothesen, die ja, wie uns die Geschichte lehrt, keineswegs der Wirklichkeit entsprechen müssen, ja sogar später als falsch erwiesen werden können und trotzdem, eben infolge ihres hohen heuristischen Wertes, die größten Fortschritte in der theoretischen und damit auch wieder in der experimentellen Physik zur Folge haben können.

Die Methode der doppelten Naturbetrachtung führte die Atomiker notwendigerweise aber auch zu drei Grundsätzen, die alle von großer Bedeutung für die moderne Physik geworden sind. Die Vermittlung zwischen den Systemen Heraklits und der Eleaten gelingt ja Demokrit dadurch, daß dem makroskopischen Beobachter die Welt herakliteisch erscheint, dem mikroskopischen Beobachter dagegen insofern eleatisch, als ja jedes der zahllosen Atome eine eleatische Welt im Kleinen darstellt. Demokrit muß also jedem seiner kleinsten Körper ganz dieselben Eigenschaften geben, die die Eleaten der Welt als solcher zugeschrieben hatten und zu denen neben Unzerstörbarkeit und Unveränderlichkeit auch Unteilbarkeit gehört.

Ergibt sich also hieraus ganz von selbst die Hypothese, von der die Atomistik ihren Namen empfing — die Hypothese von der begrenzten Teilbarkeit der Materie —, so führt wieder andererseits die eleatische Vorstellung von der Begrenztheit und Abgeschlossenheit der Welt in der atomistischen Naturphilosophie mit Notwendigkeit zu der Hypothese, daß sich zwischen den einzelnen Atomen als eleatischen Miniaturwelten leere Zwischenräume befinden. Hatte man aber einmal die von den früheren Philosophen stets geleugnete Existenz eines leeren Raumes im Prinzip zugegeben, so empfahl es sich natürlich, die leeren Zwischenräume so groß anzunehmen, daß die Atome eine genügende Bewegungsfreiheit erlangten.

Zu den Thesen von der begrenzten Teilbarkeit der Materie und von der Existenz leerer Räume fügten die Atomiker noch als dritte, auf die sie selbst den größten Nachdruck legten, die von der unwandelbar strengen Gesetzmäßigkeit alles Geschehens hinzu, die auch nicht die mindeste Ausnahme zulasse. In dieser Hinsicht stellt aber die atomistische Auffassung einen wesentlichen Fortschritt gegenüber der pythagoreischen dar; denn während nach den Pythagoreern die geordnete Regelmäßigkeit der Welt im Grunde arithmetischer Natur ist, kennen die Atomiker nur eine physikalische Naturnotwendigkeit, die in mechanischen Tatsachen begründet erscheint.

Die Atomistik stellt wohl den Gipfel der antiken Naturphilosophie dar, so daß über sie hinaus für lange Zeit kein weiterer Fortschritt mehr möglich war. Für die Ausbildung der eigentlichen Grundlagen unserer heutigen Physik sind darum auch in der Tat die beiden großen Systeme der nächsten Zeit keineswegs von besonderer Bedeutung geworden, weder die hehre Philosophie Platons noch die gigantische Universalphilosophie des Aristoteles — trotz des ungeheuren Einflusses, den gerade die aristotelischen Anschauungen durch fast zwei Jahrtausende auf die weiteren Schicksale der Physik erlangen sollten.

Denn in der Tat erscheint ja die Schöpfung der grundlegenden Begriffe und Ideen, auf die die heutige Physik aufgebaut ist, mit der Ausgestaltung der Atomistik bereits für lange Zeit abgeschlossen. Die Idee eines einheitlichen Urstoffes, der physikalische Konstanz- und Einheitsgedanke, die Begriffe des chemischen Elementes, der physikalischen Kraft, des Äthers und des Atoms; der Gedanke einer Verknüpfung unserer Naturerkenntnis mit der Mathematik, die Erfassung der strengen Gesetzmäßigkeit alles physischen Geschehens, die Schaffung eines einfachen, objektiven mikroskopischen neben dem komplizierten, subjektiven makroskopischen Weltbilde, vor allem auch der Plan einer Objektivierung und Mechanisierung der Physik — alle diese Ideen, die unserem heutigen System der Physik erst das harmonisch feste Gefüge verleihen, sind aus dem Geiste der vorsokratischen Philosophie entsprungen.

Wenn auch nicht die Physik selbst, so ist doch jedenfalls das wissenschaftliche System einer nicht nur beschreibenden, sondern auch erklärenden Physik eine griechische Erfindung; eine Erfindung des mit so hervorragenden Geistesgaben ausgestatteten Volkes, das zuerst in selbstlosem Idealismus die Natur zu ergründen suchte, während bei den alt-orientalischen Kulturvölkern alle physikalischen, chemischen und selbst astronomischen Forschungen lediglich praktischen Zwecken gedient hatten.

Als ein herrliches Gebäude von stolzer Höhe und imposanter Ausdehnung erhebt sich heute das System der Physik vor unseren Blicken; noch lange ist der Bau nicht vollendet, er wächst ins Riesenhafte, er wächst immer rascher und rascher, weil sich ja auch die Bautechnik immer mehr vervollkommnete infolge der fortschreitenden Verfeinerung der physikalischen Instrumente und der ständigen Vermehrung des mathematischen Rüstzeuges der Physik. Was wir indessen an dem stolzen Bau vor allem bewundern müssen, was ihm nicht nur die äußere Schönheit, sondern auch die innere Festigkeit verleiht, das ist seine harmonische Architektur, die die Masse toter Bausteine erst in ein lebendiges Kunstwerk verwandelt, das ist der wundervolle

Plan, nach dem der Bau begonnen wurde und so erfolgreich weiter gedieh und gedeiht.

Mehr als zwei Jahrtausende sind verflossen, seit große Künstler diesen wundervollen Plan schufen; aber ihr Geist weht uns auch heute noch aus ihrer Schöpfung entgegen. Es ist der Geist des Hellenentums, der nie untergehen kann und, wie er, ewig lebendig und beseelend, in der Kunst und Poesie fortwirkt, so auch heute noch die physikalische Forschung auf dem Wege, den er ihr geebnet, zu immer schöneren Erfolgen und zu immer stolzeren Triumphen führt.

FSC
www.fsc.org
MIX
Papier | Fördert gute Waldnutzung
FSC® C083411

Zeitfracht Medien GmbH
Ferdinand-Jühlke-Straße 7
99095 Erfurt, Deutschland
produktsicherheit@kolibri360.de